输变电工程施工质量要点手册

变电电气工程

国网上海市电力公司　组编

中国电力出版社
CHINA ELECTRIC POWER PRESS

图书在版编目（CIP）数据

输变电工程施工质量要点手册. 变电电气工程 / 国网上海市电力公司组编.
— 北京：中国电力出版社，2022.10
　　ISBN 978-7-5198-7147-5

　Ⅰ.①输⋯ Ⅱ.①国⋯ Ⅲ.①输电－电力工程－工程施工－工程质量－技术手册②变电所－电气工程－工程施工－工程质量－技术手册 Ⅳ.① TM7-62 ② TM63-62

中国版本图书馆 CIP 数据核字（2022）第 191968 号

出版发行：中国电力出版社
地　　址：北京市东城区北京站西街 19 号（邮政编码 100005）
网　　址：http://www.cepp.sgcc.com.cn
责任编辑：周秋慧（010-63412627）
责任校对：黄　蓓　常燕昆
装帧设计：张俊霞
责任印制：石　雷

印　　刷：三河市万龙印装有限公司
版　　次：2022 年 10 月第一版
印　　次：2022 年 10 月北京第一次印刷
开　　本：880 毫米 ×1230 毫米　32 开本
印　　张：2.125
字　　数：60 千字
印　　数：0001－3000 册
定　　价：21.50 元

编委会

主 任 朱 纯
副主任 楼晓东

编写组

主 编 郑伟华
副主编 林 坚 陈 晨

编写组成员

国网上海市电力公司
奚丕奇 陈 晨 陈婷玮 黄小龙

上海送变电工程有限公司
黄 波 蒋本建 仇志斌 肖 敏

华东送变电工程有限公司
鲁 飞 王 涛

上海久隆电力（集团）有限公司
朱 佳 沈 泓

上海新泰建筑工程有限公司
凌 晨

国网上海市电力公司党校（培训中心）
李晓莉 王诗婷

前 言

为贯彻"百年大计、质量第一"方针，弘扬"精益求精、追求卓越"的工匠精神，针对施工现场可能发生人身事故和质量问题的主要危险点和易发人群，普及基本安全质量教育，统一工艺标准，规范施工流程，国网上海市电力公司组织有关单位编制《输变电工程施工质量要点手册》。

该系列手册包括《变电电气工程》《变电土建工程》《线路工程》《电缆工程》四个分册，主要面向参加输变电施工工程建设，又缺乏现场经验的各类人员，主要包括初入职的学生、劳务作业人员等。手册以安全规章、施工验收规范为框架，辅以有关制度，对施工质量要点进行全面梳理和总结，在内容上力求通俗易懂，努力体现"主要""常见""现场"三个特点。

本分册为《变电电气工程》，内容主要参考《国家电网有限公司输变电工程标准工艺库 变电工程电气分册》《国家电网有限公司十八项电网重大反事故措施（2018 年修订版）及编制说明》等。旨在提高电气装置安装工程的质量管理水平，促进安装质量的提高，满足其检查、验收和质量评定的需要。

鉴于编者水平有限，书中难免存在疏漏之处，敬请读者批评指正。

编者
2022 年 7 月

目 录

第1章 主变压器（油浸式电抗器）安装

（1）基础复测。预埋件位置正确，根据主变压器、油浸式电抗器尺寸，在基础上画出中心线。

（2）主变压器、油浸式电抗器就位。主变压器、油浸式电抗器的中心与基础中心线重合。

（3）就位后检查三维冲撞记录仪，记录、确认最大冲击数据并办理签证，记录仪数值满足制造厂要求，最大值不超过3G，原始记录必须留存建设管理单位。

（4）充气运输的变压器、油浸式电抗器在运输和现场保管期间油箱内应保持为正压，其压力为0.01M~0.03MPa。

（5）附件安装前应经过检查或试验合格。气体继电器、温度计应送检：套管TA检查试验，铁芯和夹件绝缘试验合格。

（6）附件安装。

1）安装附件需要变压器本体露空时，环境相对湿度应小于80%，连续露空时间不超过8h，累计露空时间不宜超过24h，场地四周应清洁，并有防尘措施。

2）冷却器起吊应保持平衡，接口阀门密封、开启位置应预先检查。

3）升高座安装时安装面必须平行接触，排气孔位置处于正上方。电流互感器二次备用绕组端子应短接接地。

4）储油柜安装应确认方向正确并进行位置复核。

5）连接管道安装，内部清洁，连接面或连接接头可靠。

6）气体继电器安装箭头朝向储油柜，连接面平行，紧固受力均匀。

7）温度计安装毛细管应固定可靠和美观。

8）有载调压开关按照产品说明书要求进行检查。

9）应按规范严格控制露空时间。内部检查应向箱体持续注入露点低于-40℃的干燥空气，保持内部微正压，避免潮气侵入，且确保含氧量不小于18%。

（7）现场安装涉及的密封面清洁、密封圈处理、螺栓紧固力矩应符合产品说明书和相关规范的要求。安装未涉及的密封面应检查复紧螺栓，确保密封性。

（8）冷却器按制造厂规定的压力值用气压或油压进行密封试验。

（9）变压器、油浸式电抗器注油前后绝缘油应取样进行检验，并符合国家相关标准。

（10）抽真空处理和真空注油。

1）真空残压要求：220~500kV 不大于 133Pa，750kV 不大于 13Pa。

2）维持真空残压的抽真空时间：220~330kV 不得少于 8h，500kV 不得少于 24h，750kV 不得少于 48h。

3）110kV 的变压器、电抗器宜采用真空注油，220kV 及以上的变压器应真空注油。真空注油速率控制在 6000L/h 以下，一般为 3000~5000L/h，真空注油过程维持规定残压。

4）330kV 及以上变压器和油浸式电抗器应进行热油循环，热油循环前，应对油管抽真空，将油管中的空气抽干净，同时冷却器中的油应参与进行热油循环。热油循环不应小于总油量的 3 倍，热油循环持续时间不应小于 48h。

5）密封试验：对变压器连同气体继电器、储油柜一起进行密封性试验，在油箱顶部加压 0.03MPa，持续 24h 应无渗漏。

（11）电缆排列整齐美观，电缆不外露，二次接线与图纸和说明书相符合。

（12）整体检查与试验合格，如图 1-1 所示。

图 1-1　整体检查与试验合格

（13）变压器安装工艺严格按规范标准要求进行安装，变压器设备接地如图 1-2 所示。

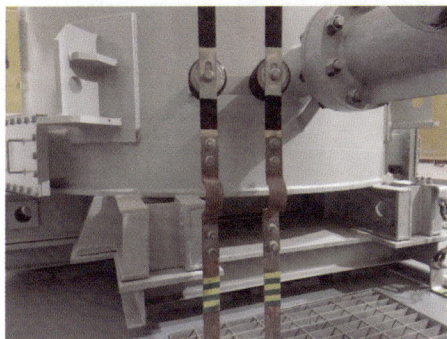

图 1-2　变压器设备接地

（14）变压器本体、铁芯、夹件接地不规范。变压器本体、铁芯、夹件未直接接地或未与本体绝缘，不便于接地电流检测。变压器铁芯、夹件接到器身上，未分别与地网连接如图 1-3 所示，变压器铁芯、夹件接地没有标识，未设断开卡，刷涂颜色不符合标准工艺要求如图 1-4 所示。变压器铁芯、夹件接地正确方法如图 1-5 所示，变压器本体接地正确方法如图 1-6 所示。

图 1-3　变压器铁芯、夹件接到器身上，未分别与地网连接

图 1-4　变压器铁芯、夹件接地没有标识，未设断开卡，刷涂颜色不符合标准工艺要求

图 1-5 变压器铁芯、夹件接地正确方法　　图 1-6 变压器本体接地正确方法

依据 《国家电网有限公司十八项电网重大反事故措施（2018 年修订版）及编制说明》9.2.3.4 "铁芯、夹件分别引出接地的变压器，应将接地引线引至便于测量的适当位置，以便在运行中监测接地线中是否有环流，当运行中环流异常变化时，应尽快查明原因，严重时应采取措施及时处理"。

《国家电网公司变电验收通用管理规定　第 1 分册：油浸式变压器（电抗器）验收细则》A.14 "变压器竣工（预）验收标准卡十一、接地装置验收铁芯、夹件接地良好，接地引下应便于接地电流检测，引下线截面满足热稳定校核要求，铁芯接地引下线应与夹件接地分别引出，并在油箱下部分别标识"。

《国家电网有限公司输变电工程标准工艺　变电工程电气分册》主变压器接地线安装 0102010102 "（4）变压器本体两点接地。中性点接地引出后，应有两根接地引线与主接地网的不同干线连接，其规格应满足设计要求。中性汇流母线应采用淡蓝色标识，铁芯、夹件引出线宜采用黑色标识。""（5）110kV 及以上变压器的中性点、夹件引出线与本体可靠绝缘"。

措施 设计联络会、图纸审查会应加强对变压器接地部分的审查，将相关接地要求落实到设计和厂家图纸上；货验收阶段，对变压器的接地部分进行验收，发现问题及时反馈厂家整改；变压器安装阶段，严格按标准工艺要求施工；验收阶段，对变压器的接地部位进行重点检查。

第2章 主控及直流设备安装

一、屏、柜安装工程

（一）屏、柜安装

（1）屏、柜基础平行预埋槽钢垂直度偏差、平行间距误差、单根槽钢平整度及平行槽钢整体平整度误差复测，核对槽钢预埋长度与设计图纸是否相符，检查电缆孔洞应与盘柜匹配，复查槽钢与接地网是否可靠连接。

（2）屏、柜安装前，检查外观面漆应无明显刷蹭痕迹，外壳无变形，屏、柜面和门把手完好，内部电气元件固定无松动。

（3）屏、柜安装前，依据设计图纸核对每面屏、柜在室内安装位置，与预埋槽钢采用螺栓连接（不得与基础预埋槽钢焊死），第一面屏、柜安装后，调整好屏、柜垂直和水平紧固底部与槽铜连接螺栓。

（4）相邻配电屏、柜每列以已组立好的第一面屏、柜为参照，使用厂家专配并柜螺栓连接，调整好屏、柜之间缝隙后紧固底部连接螺栓和相邻屏、柜连接螺栓，紧固件应经防腐处理，所有安装螺栓紧固可靠。

（5）屏顶小母线应设置防护措施，屏顶引下线在屏顶穿孔处有胶套或绝缘保护。二次屏柜安装如图2-1所示。

图2-1 二次屏柜安装

（6）屏、柜二次电缆芯线穿孔处未设胶套或绝缘保护，易损伤电缆外皮。屏、柜二次电缆芯线穿孔无保护措施如图 2-2 所示，屏、柜二次电缆芯线穿孔有胶套或绝缘保护如图 2-3 所示。

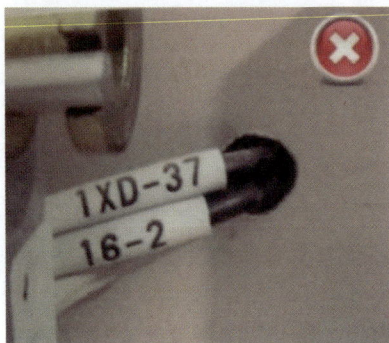

图 2-2　屏、柜二次电缆芯线穿孔无保护措施

图 2-3　屏、柜二次电缆芯线穿孔有胶套或绝缘保护

依据《国家电网有限公司输变电工程标准工艺　变电工程电气分册》屏、柜安装 0102040101 "（5）屏顶小母线应设置防护措施，屏顶引下线在屏顶穿孔处有胶套或绝缘保护"。

（二）端子箱安装

（1）复测基础面平整度、埋件位置应分布在基础四角，尺寸与设计图纸相符，与电缆沟之间预留有喇叭口或预埋管道，复测同间隔内或出线间隔同位置端子箱基础是否在同一轴线上。

（2）端子箱安装前检查外观应无变形、划痕，并有可靠的防水、防尘、防潮措施。如端子箱材质采用镜面不锈钢，建议出厂保留板材覆膜，安装完成后及时撕除，加强成品保护，以确保表面光洁度。

（3）端子箱与基础埋件可自加工框架放置在端子箱与基础面之间，该框架底部尺寸应与端子箱底座相匹配，与端子箱螺栓连接时，采用不小于 $4mm^2$ 多股铜芯线跨接，确保底座框架可靠接地。底座框架与基础埋件焊接，如无预埋件可采用膨胀螺栓固定，膨胀螺栓定位参照端子箱底部安装孔尺寸在基础上定位。

（4）端子箱安装前确定其正面朝向，参考设计图纸要求，方便巡视及检修。正面一般朝向巡视小道或电缆沟，端子箱接地材料选用应符合设计要求，就近与主网连接。机构箱接地如图 2-4 所示。

（5）电缆线与加热器应保持一定距离，加热器的接线端子应在加热器下方。

（6）二次接线要求参照"国网二次回路接线"相关施工工艺要求。就地端子箱二次接线工艺美观如图 2-5 所示。

图 2-4　机构箱接地

图 2-5　就地端子箱二次接线工艺美观

（三）就地控制柜安装

（1）复测基础面平整度。埋件位置应分布在基础四角，尺寸与设计图纸相符，与电缆沟之间预留有喇叭口或预埋管道，复测同间隔串内或出线间隔同位置就地控制柜基础是否在同一轴线上。

（2）控制柜安装前检查外观应无变形、划痕，柜面、把手无破损，并有可靠的防水、防尘、防潮措施。如就地控制柜材质采用镜面不锈钢，建议出厂保留板材覆膜，安装完成后及时撕除，加强成品保护，以确保表面光洁度。

（3）就地控制柜可以采用螺栓与气体绝缘金属封闭开关设备（GIS）本体槽钢可靠固定，也可以自加工框架放置在控制柜与基础面之间，然后将底座框架与基础埋件焊接牢固。该框架底部尺寸应与控制柜底座相匹配，框架与控制柜采用螺栓连接时，应采用不小于 4mm² 多股铜芯线可靠跨接，确保底座框架可靠接地。

（4）控制柜安装前确定其正面朝向，参考设计图纸要求，方便巡视及检修。正面一般朝向巡视小道或电缆沟，接地材料选用应符合设计要求，就近与主网连接。.

（5）电缆线与加热器应保持一定距离，加热器的接线端子应在加热器下方。就地汇控柜安装如图 2-6 所示。汇控柜接地工艺美观如图 2-7 所示。

图 2-6 就地汇控柜安装

图 2-7 汇控柜接地工艺美观

（四）二次回路接线

（1）核对电缆型号必须符合设计。电缆剥除时不得损伤电缆芯线。

（2）电缆号牌、芯线和所配导线的端部的回路编号应正确，字迹清晰且不易褪色。

（3）芯线接线应准确、连接可靠，绝缘符合要求，盘柜内导线不应有接头，导线与电气元件间连接牢固可靠。

（4）宜先进行二次配线，后进行接线。每个接线端子每侧接线宜为 1 根，不得超过 2 根。对于插接式端子，不同截面的两根导线不得接在同一端子上；插入的电缆芯剥线长度适中，铜芯不外露。对于螺栓连接端子，需将剥除护套的芯线弯圈，弯圈的方向为顺时针，弯圈的大小与螺栓的大小相符，不宜过大，当接两根导线时，中间应加平垫片。

（5）引入屏柜、箱内的铠装电缆应将钢带切断，切断处的端部应扎紧，钢带应在端子箱一点接地，至保护室的控制电缆屏蔽层在始末两端分别接地，其余短电缆屏蔽层一端接地。

（6）备用芯应满足端子排最远端子接线要求，应套标有电缆编号的号码管，且线芯不得裸露。

（7）多股芯线应压接插入式铜端子或搪锡后接入端子排。

（8）间隔 10 个及以上端子排的二次配线应加号码管。二次接线工艺美观如图 2-8 所示。

（9）装有静态保护和控制装置屏柜的控制电缆，其屏蔽层接地线应采用螺栓接至专用接地铜排。

（10）每个接地螺栓上所引接的屏蔽接地线鼻不得超过 2 根。控制电缆二次屏蔽接地如图 2-9 所示。

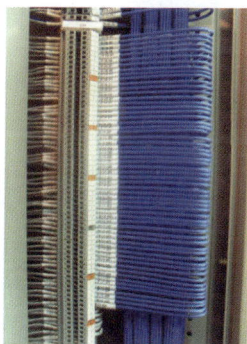

图 2-8　二次接线工艺美观　　　　图 2-9　控制电缆二次屏蔽接地

二、蓄电池安装工程

（1）蓄电池应避免阳光直射。

（2）支架固定牢靠，水平度误差不大于 5mm；额定电压为 220V 及以下的蓄电池台架可以不接地。

（3）蓄电池组与直流屏之间连接电缆的预留孔洞位置适当，以使电缆走向合理、美观。

（4）蓄电池的安装顺序必须按照设计图纸或厂家图纸及提供的连接排（线）情况进行。

（5）蓄电池组各级电池之间连接线搭接处清洁后涂电力复合脂，并用力矩扳手紧固，力矩大小符合厂家要求。

（6）蓄电池连接的同时，将单体电池的采样线同步接入，接入前确认采样装置侧已接入，以免发生短路；采样线排列整齐，工艺美观。

（7）蓄电池充放电应按产品的技术要求进行。蓄电池安装如图 2-10 所示。

图 2-10 蓄电池安装

第3章　户外配电装置涉及的母线安装

一、绝缘子串组装

（1）耐压试验合格后进行组装。

（2）悬垂绝缘子在倒运前，依据设计图纸相关说明，了解绝缘子串如何配色，确定各间隔串所需绝缘子数量，确定可调绝缘子串和不可调串在间隔串内放置位置，将每串绝缘子连接拉线金具与绝缘子及金具之间进行试组装查看其是否匹配，与耐张线夹连接的金具是否匹配。

（3）检查间隔串内放置绝缘子串地面是否平整，有无易让绝缘子受损的石块、瓦砾等，绝缘子与地面之间采取简易隔离（垫护）措施，防止绝缘子表面产生污迹。

（4）绝缘子倒运到位后，检查绝缘子外观有无损坏，损坏面积超过厂家要求范围时应及时更换，绝缘子间连接过程统一将碗口朝下，销钉完整穿入，金具中之间组装后螺栓露出丝扣符合设计、厂家提供金具样本要求，螺栓端部销针完整销入不会脱落，与绝缘了串连接的球头组装后绝缘了销钉完整穿入。

（5）对组装好的可调串及不可调串长度，进行实物测量。

绝缘子串组装如图 3-1 所示。

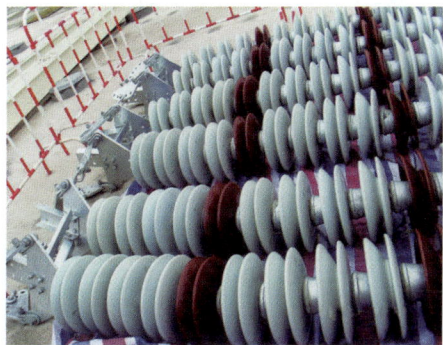

图 3-1　绝缘子串组装

二、支柱绝缘子安装

（1）绝缘子支架安装前，对基础杯底标高误差、杯口轴线误差进行测量。

（2）支架组立过程控制杆头件方向，应与顶部横梁安装后底部安装孔位置保持一致，支架找正过程控制垂直度、轴线偏差，门形支架组立后，控制两支架杆顶标高误差，灌浆后需要对以上控制数据进行复测。

（3）支架顶部横梁调至水平状态后，将横梁与支架之间连接螺栓紧固。

（4）绝缘子开箱后，绝缘子支柱弯曲度应在规范规定的范围内，绝缘子支柱与法兰结合面胶合牢固并涂以性能良好的防水胶。瓷裙外观完好无损伤痕迹，需要组装绝缘子严格按照厂家提供产品组装编号进行，与绝缘子顶部母线固定金具一同组装，使用镀锌螺栓进行组装，绝缘子对接法兰处调整至不错口状态，将顶部与金具及绝缘子节与节之间的连接螺栓紧固。

（5）依据安装图纸确定组装后的支柱绝缘子安装方向及其安装位置就位，找正后紧固底部与横梁连接螺栓。

（6）所有连接螺栓应用镀锌螺栓，根据螺栓规格进行扭矩检测。支柱绝缘子安装如图 3-2 所示。

图 3-2　支柱绝缘子安装

（7）变压器 10kV 母排支柱绝缘子直接固定在散热器上，未按设计图纸要求制作固定支架，如图 3-3 所示。

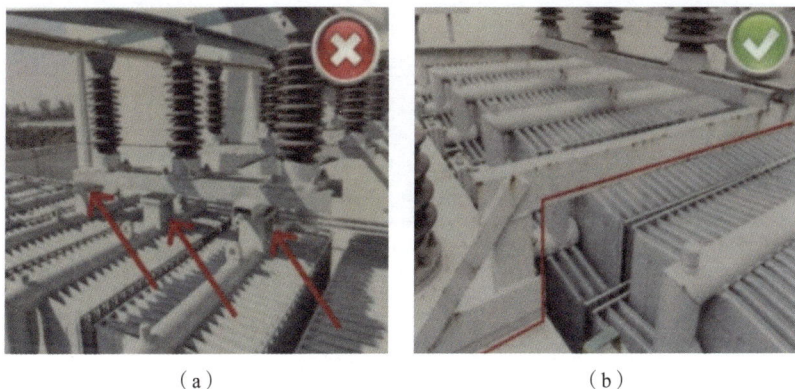

（a）　　　　　　　　　　　　（b）

图 3-3　未按设计图纸要求制作固定支架

（a）母排支柱绝缘子直接固定在散热器上；（b）变压器低压侧母排支柱绝缘子固定在支架上

依据 为了防止散热器片受力造成漏油等质量问题，母排支柱绝缘子不应直接固定在散热器上，必须按照设计图纸制作固定支架。

措施 设计应提前与厂家认真沟通核实图纸要求，防止不符合规定的产品进入现场，同时设备到货后要与设计图纸认真核对，发现问题及时向有关部门反馈。

三、母线接地开关安装

（1）接地开关支架安装前，对基础杯底标高误差、杯口轴线误差进行测量。

（2）支架组立过程控制杆头件方向，应与接地开关安装后底部安装孔位置保持一致，支架找正过程控制垂直度、轴线，灌浆后需要对以上控制数据进行复测。

（3）开箱检查接地开关附件应齐全、无锈蚀、无变形，绝缘子支柱弯曲度应在规范规定的范围内，绝缘子支柱与法兰结合面胶合牢固并涂以性能良好的防水胶。瓷裙外观完好无损伤痕迹。

（4）将接地开关底座、绝缘子支柱、母线托架、接地开关静触头整体组装，检查处理导电部分连接部件的接触面，清洁后涂以电力复合脂连接。动、静触头接触处氧化物清洁光滑后涂上薄层中性凡士林油，依据设计图纸确定底座接地开关侧朝向，与接地开关静触头相对应。

（5）所有组装螺栓均紧固，并进行扭矩检测，接地开关底座自带可调节螺栓时，将其调整至设计图纸要求尺寸。

四、接地开关调整

（1）接地开关转轴上的扭力弹簧或其他拉伸式弹簧应调整到操作力矩最小，并加以固定。

（2）接地开关垂直连杆与机构间连接部分应紧固、垂直，焊接牢固、美观。

（3）轴承、连杆及拐臂等传动部件机械运动应顺滑，转动齿轮应咬合准确，操作轻便灵活。

（4）定位螺钉应按产品的技术要求进行调整并固定。

（5）所有传动部分应涂以适合当地气候条件的润滑脂。

（6）电动操作前，应先进行多次手动分、合闸，机构应轻便、灵活、无卡涩，动作正常。

（7）电动机的转向应正确，机构的分、合闸指示应与设备的实际分、合闸位置相符。

（8）电动操作时，机构动作应平稳，无卡阻、冲击异常声响等情况。

（9）接地开关底座与支架应用导体可靠连接，确保接地可靠。母线接地开关安装如图 3-4 所示。

图 3-4　母线接地开关安装

五、软母线安装

（1）软母线施工前，耐张线夹每种导线规格取两根压接后试件送检，试验合格后方可施工。

（2）测量间隔内软母线每相挂点间距离，以及组装好的可调和不可调金具、绝缘子串组装后的长度，核对耐张线夹与软导线规格是否相符，导线压接模具是否满足耐张线夹压接需要，核对横梁挂线点与连接金具是否匹配，导线与线夹接触面均应清除氧化膜，用汽油或丙酮清洗。清洗长度不少于压接长度的 1.2 倍，线夹与导线接触面涂电力复合脂。

（3）根据测量数据和设计图纸提供软导线温度曲线安装图，计算出放线长度。

（4）放线前检查导线外观有无磨损和严重氧化现象，局部磨损用细砂纸打磨光滑，放置导线地面应平整，并铺设地毯或其他垫护材料防止导线磨损。

（5）切割前对切割部位两侧进行临时绑扎处理，以防导线抛股。导线断面应与轴线垂直。测量钢锚深度，确定钢芯铝绞线外层去除长度，在锯外层铝绞线时应注意不要伤及钢芯，钢芯压接后应对压接部位做防腐处理，钢锚外部铝管压接前配有填充料时，需将填充料放入铝管内部，铝管压接前检查填充料有无移位（扩径导线与线夹压接时，应用相应芯棒将扩径导线中心所压接部分空隙填满），耐张线夹引流板朝向应与安装后朝向保持一致，压接过程控制每模搭接长度，控制铝管弯曲度，对压接后产生的飞边、毛刺进行打磨光滑。

（6）压接后导线挪至间隔串内应有防止污染措施（尤其是潮湿地面），采取垫护或人工临时托起，就位前检查绝缘子金具串应已正确组装并到位，横梁与构架柱连接螺栓已紧固，就位机具（卷扬机等）已布置到位，将导线耐张与绝缘子金具正确连接，有均压环可在地面装好。绝缘子金具串未起离地面前注意对绝缘子和均压环的保护，防止损坏。

（7）导线就位后对导线弧垂进行测量，与设计图纸要求弧垂进行对比，较小误差应利用可调金具调整至满足实际要求。软母线安装如图3-5 所示。

图 3-5　软母线安装

六、引下线及条线安装

（1）引下线及跳线制作前，确定其安装位置，检查两侧线夹规格，确定引线及跳线线夹截面。

（2）依据设计图纸确定引线、跳线规格，并检查制作引下线及跳线的线夹与导线、压接模具之间是否匹配，导线与线夹接触面均应清除氧化膜，用汽油或丙酮清洗，清洗长度不少于连接长度的 1.2 倍。

（3）导线切割前对切割部位两侧采取绑扎措施，防止导线抛股，导线断面应与轴线垂直，引下线及跳线先压接好一端再实际测量确定导线长度，测量过程应考虑引下线及跳线安装后，设备侧接线板所承受的应力不应超过设计或厂家要求。

（4）线夹与导线接触面涂电力复合脂，线夹应顺绞线方向将导线穿入，用力不宜过猛以防抛股。导线伸入线夹的压接长度达到规定要求，对空心扩径导线穿入线夹前，先旋进长度与压接长度相符的芯棒。

（5）压接过程控制每模搭接长度，控制铝管弯曲度，压接后产生的飞边、毛刺打磨光滑，短导线压接时，将导线插入线夹内距底部 10mm，用夹具在线夹入口处将导线夹紧，从管口处向线夹底部顺序压接，以避免出现导线隆起现象。

（6）引线及跳线安装过程中导线、金具应避免磨损，连接线安装时避免设备端子受到超过允许承受的应力。

（7）所有连接螺栓均采用镀锌螺栓，按照螺栓规格进行扭矩检测。

（8）软母线采用钢制螺栓型线夹连接时，应缠绕铝包带，其绕向与外层铝股的绕向一致，两端露出线夹口不超过 10mm，且端口应回到线夹内压紧。设备引线整齐划一如图 3-6 所示。

图 3-6 设备引线整齐划一

七、悬吊式管形母线安装

（1）管形母线施工前，对每种型号管形母线焊接一件试件送检，试验合格后方可施工。

（2）依据设计图纸核对管形母线规格、数量、外观无明显划痕、毛刺，检查绝缘子串与连接金具是否匹配，管形母线梁挂点与金具是否匹配，绝缘子与金具数量是否满足安装需要，均压环有无毛刺、刮痕、变形。管形母线弯曲挠度应满足规范要求，必要时使用校正平台校正。

（3）按设计图纸确定管形母线跨度，依据跨度尺寸进行管形母线配置，每相管形母线配置过程应将焊点绕开安装在其上部的隔离开关静触头夹具，保持焊缝距夹具边缘不少于 50mm。

（4）管形母线配置后对焊接端进行坡口处理，坡口角度应根据管形母线壁厚来确定。同时打加强孔，数量满足设计图纸要求。焊接所使用焊丝和衬管与管形母线材质相同，衬管长度满足设计要求并与管形母线匹配；管形母线对接部位两侧、衬管焊接部位、焊丝应除去氧化层。

（5）管形母线焊接宜采用氩弧焊；焊接过程中应采取防风措施，不得中断氩气保护。焊接成形后的管形母线待冷却后方可挪动。

（6）悬吊式管形母线就位前以安装在管形母线下方隔离开关基础为参考，测量管形母线梁挂点实际标高，结合设计图纸给出管形母线标高及组装后的金具绝缘子串长度，计算出管形母线夹具所卡位置。管形母线终端球安装前，放入设计要求规格型号的阻尼导线。管形母线终端球应有滴水孔，安装时应朝下。

（7）管形母线就位前检查金具、绝缘子串应正确组装，销针完整，绝缘子碗口朝下，管形母线梁与构架柱连接螺栓已紧固，所用机具已布置到位，就位过程每根管形母线同侧挂点同时起升，待该侧挂点与金具正确连接后，将吊点挪至另一侧，同样方法起升另一侧。

（8）管形母线就位后，结合下方隔离开关基础复测管形母线标高，误差范围内可通过花篮螺钉进行调节，同时对整段母线进行调直，也可通过调节花篮螺钉来实现。

（9）单跨距、大口径悬吊式管形母线不宜预弯，必要时通过加入配重块来调平，配重过程应考虑安装在管形母线，上方隔离开关静触头重量，且按不同相进行区分，配重每块重量不宜过重，且应设穿芯孔和穿芯螺杆，将每端配重块连成整体。

（10）悬吊式管形母线均压环按设计图纸方向进行安装；管形母线跳线制作安装过程保持每相及分裂导线每根弧度一致。悬垂式管形母线安装如图3-7所示。

图3-7　悬垂式管形母线安装

八、支撑式管形母线安装

（1）对基础轴线和标高进行复测。

（2）依据设计图纸核对管形母线规格、数量，外观无明显划痕、毛刺，管形母线封端盖、封端球与管形母线匹配。

（3）管形母线弯曲挠度应满足规范要求，必要时使用校正平台校正。

（4）需焊接的支撑式管形母线施工前，对每种型号管形母线焊接件试件送检，试验合格后方可施工。

（5）依据设计图纸确定管形母线跨度，需要焊接时，依据跨度尺寸进行管形母线配置，每相管形母线配置过程应将焊点避开安装支撑金具，至少保持焊缝距支撑金具边缘 100mm。

（6）管形母线配置后对焊接端进行坡口处理，坡口角度应根据管形母线壁厚来确定。同时打加强孔，数量满足设计图纸要求。焊接所使用焊丝和衬管与管形母线材质相同，衬管长度满足设计要求并与管形母线匹配；管形母线对接部位两侧、衬管焊接部位、焊丝应除去氧化层。

（7）管形母线焊接宜采用氩弧焊；焊接过程中应采取防风措施，不得中断氩气保护。焊接成形后的管形母线待冷却后方可挪动。

（8）对管形母线进行预弯，预弯弧度等于管形母线就位后自身重量下垂弧度（备用间隔），如该管形母线装有隔离开关静触头，应加上静触头重量后下垂的弧度。预弯过程注意应对焊接头采取保护措施。

（9）测量支柱绝缘子、接地开关等母线支撑体垂直度、轴线及标高，测量每段管形母线实际尺寸，考虑软连接部位两段管形母线封盖顶之间留有缝隙尺寸应去除。

（10）根据实测数对管形母线最后裁剪，裁剪后的管形母线放置位置应做标记，放入阻尼导线，安装封端盖，管形母线端部应安装封端球（以设计图纸为准），封端球应带有泄水孔且朝下。

（11）双跨距管形母线就位可采用两台吊车同时吊装就位，就位过程应拴有控制绳，设专人控制防止碰撞，管形母线就位后，伸缩固定夹具与管形母线之间应涂上电力复合脂并安装紧固。支持式管形母线整齐划一如图 3-8 所示。

图 3-8　支持式管形母线整齐划一

九、镀锌螺栓安装

所有紧固件使用镀锌螺栓，并按螺栓规格扭矩检测。

十、矩形母线安装

（1）矩形母线安装前核对硬母线规格、材质与设计图纸是否相符，以及母线夹具是否匹配。

（2）复测直线段母线支柱绝缘子夹具中心直度。

（3）对矩形母线进行校直，校直过程不得在硬母线表面留下敲击、损伤等痕迹。

（4）实测直线段母线距离长度，直线段利用完整单根母排制作、安装，避免过多接头。母线制作采用冷弯，矩形母线应根据不同材质、不同规格来确定其弯曲半径。转弯处母线在制作过程应根据不同电压等级，相间及边相对周围电气设备安全距离，应满足设计图纸要求，母线切割部位应进行打磨光滑，上下搭接部位应弯曲一端，保证其平滑过渡，搭接长度、连接螺孔大小、间距尺寸由搭接母线宽度确定，硬母线搭接部位钻孔后应打磨光滑。

（5）硬母线制作后按设计图纸要求，按电压等级在各相套上相应颜色热缩护套，包括软连接。

（6）搭接部位在硬母线接触面涂上电力复合脂，搭接面符合 GB 50149《电气装置安装工程　母线装置施工及验收规范》的要求，就位后直线段及弯曲部位调整至自然状态，不存在局部受力现象，与设备接线板连接部位应力满足设计要求。

（7）连接螺栓应采用镀锌螺栓，所有连接螺栓应紧固并且按不同规格进行扭矩检测。母线平置安装时，贯穿螺栓应由下往上穿，螺母在上方；其余情况下，螺母应置于维护侧，连接螺栓长度宜露出螺母2~3 扣。

（8）硬母线接头加装绝缘套后，应在绝缘套下凹处打排水孔，防止绝缘套下凹处积水，冬季结冰冻裂。

（9）根据设计要求，在硬母线的适当位置，呈品字形安装接地挂线板。矩形母线绝缘化如图 3-9 所示。

图 3-9　矩形母线绝缘化

第4章 封闭式组合电器安装

（1）GIS设备基础及预埋件平整度复测、平行预埋件直度、平整度复测。

（2）GIS元器件，如电压互感器、避雷器、快速接地开关未采用专用接地线接地。电压互感器采用专用地线直接接地如图4-1所示。

图 4-1 电压互感器采用专用地线直接接地

依据 根据《国家电网公司变电验收通用管理规定》《国网基建部关于发布输变电工程设计常见病清册（2018年版）的通知》及相关验收规范的要求："电压互感器、避雷器、快速接地开关应采用专用接地线接地，各接地点接地排的截面需满足要求""电压互感器、避雷器应有单独专用接地引下线，接地开关与快速接地开关的接地端子（兼做试验接线端子的）应与外壳绝缘后再接地"。

措施 相关部位间接地连接及与接地网间的连接可靠，接地件规范、工艺美观；跨接排连接可靠，导通良好，出线端部承受感应电流的连通导体连接可靠（包括三相汇流母线连接），工艺美观，标识清晰。

在GIS设计联络会时，设计单位向厂家明确此项要求，监造及出厂验收时应重点检查此项。图纸会审时重点审查图纸上是否有预留的专用接地点。

（3）设备本体、母线组装。

1）部件装配应在无风沙、无雨雪、空气相对湿度小于 80% 的条件下进行，并根据产品要求严格采取防尘、防潮措施。

2）应按制造厂的编号和规定的程序进行装配，不得混装。

3）各个气室预充压力检查必须符合产品技术要求。

4）应对可见的触头连接、支撑绝缘件和盘式绝缘子进行检查，应清洁无损伤。

5）法兰对接前应先对法兰面、密封槽及密封圈进行检查，法兰面及密封槽应光洁、无损伤，对轻微伤痕可平整。密封面、密封圈用清洁无纤维裸露白布或不起毛的擦拭纸蘸无水酒精擦拭干净。密封圈应确认规格正确，然后在空气一侧均匀地涂密封剂，涂完密封剂应立即接口或盖封板，并注意不得使密封剂流入密封圈内侧。涂密封剂如图 4-2 所示。

图 4-2　涂密封剂

6）对接过程测量法兰间隙距离均匀。连接完毕相间对称地拧紧螺栓，所有螺栓的紧固均应使用力矩扳手，其力矩值应符合产品的技术规定。

7）GIS 元件拼装前，应用清洁无纤维白布或不起毛的擦拭纸、吸尘器将内壁、对接面等清理干净；盘式绝缘子应清洁、完好。

8）母线安装时，应先检查表面及触指有无生锈、氧化物、划痕及凹凸不平处，如有，则采用砂纸将其处理干净平整，并用清洁无纤维裸露白布或不起毛的擦拭纸沾无水酒精洗净触指内部，在触指上涂上薄薄的一层电力复合脂，如不立即安装，应先用塑料纸将其包好。安装时将母线放在专用小车上，推进母线筒刚好与触头座接触上，然后用母线插入工具，将母线完全推进触头座内；垂直母线采用专用工具进行安装。母线对接应通过观察孔或其他方式进行检查和确认。

9）一般宜采用专用工具和吊带对套管进行起吊，以保护瓷套管不受损伤。

10）伸缩节安装长度符合产品技术文件要求。

（4）法兰、金属连接部位缺少接地跨接线。

描述 主变压器散热器法兰、油管连接法兰缺少接地跨线。法兰、金属连接部位缺少接地跨线如图4-3所示，法兰、金属连接部位跨接接地如图4-4所示。

图4-3　法兰、金属连接部位缺少接　　图4-4　法兰、金属连接部位跨接接地
　　　　地跨线

依据 《国家电网公司变电站工程主要电气设备安装质量工艺关键环节管控记录卡》1000kV变压器"关键环节：整体验收项目中本体及附件外观验收要求本体及附件应无缺陷，无渗漏，无遗留物；主变压器连接管路的法兰间跨接线连接牢固"，1000kV及以下变压器可参照执行。

措施 考虑法兰间设置绝缘垫片，可能导致变压器附件之间发生感应放电，对变压器的招标技术规范书进行修订，明确提出各类连接管、连接件之间采用跨接线进行跨接。设计联络会、图纸会审阶段重点对跨接设计进行审查，到货验收阶段进行验收。

（5）真空处理、注SF_6气体。

1）充注前，充气设备及管路应洁净、无水分、无油污；管路连接部分应无渗漏；吸附剂的更换方式、时间应符合产品技术要求。

2）气体充入前应按产品的技术规定对设备内部进行真空处理，真空残压及保持时间应符合产品要求；抽真空时，应采用带有抽气逆止阀的真空泵，以防止突然停电或因误操作而引起破坏真空事故。

3）真空泄漏检查方法应按产品说明书的要求进行。

4）气室预充有 SF_6 气体，且含水量检验合格时，可直接补气。SF_6 气体充注前，必须按照规范要求对 SF_6 气瓶抽样送检，其气体参数应符合要求。现场测量 SF_6 气体含水量，每瓶 SF_6 气体含水量均应符合要求。充气至略高于额定压力，充气过程实施密度继电器报警、闭锁接点压力值检查。

5）充注 SF_6 气体时，应对 SF_6 气瓶进行称重，充入 SF_6 气体重量应符合产品技术文件要求。

6）设备内 SF_6 气体漏气率应符合规范和产品技术要求。基本要求：各个独立气室 SF_6 气体年泄漏率小于 1%。检漏方法符合产品说明书要求，通常采用内部压力检测比对与包扎检漏相结合的方法。

（6）电缆排列与二次接线。

1）电缆排列整齐、美观，固定与防护措施可靠，有条件时采用封闭桥架形式。

2）按照设计图纸和产品图纸进行二次接线，核对设计图纸、产品图纸与实际装置是否符合。

（7）检查确认 GIS 中断路器、隔离开关、接地开关的操动机构的联动应正常、无卡阻现象；分合闸指示应正确；辅助开关及电气闭锁应正确、可靠。

（8）密度继电器的报警、闭锁值应符合规定，电气回路传动应正确。

（9）闭锁检查："就地、远方""电动、手动"等各种闭锁关系正确。

（10）核对安装伸缩调整装置和温度补偿伸缩调整装置定位符合产品要求。封闭式组合电器安装如图 4-5 所示。

图 4-5　封闭式组合电器安装

第5章 站用配电装置安装

一、站用变压器安装工程

（一）油浸式站用变压器安装

（1）复测基础预埋件位置偏差、平整度误差。

（2）就位前检查站用变压器外观、套管引线端子及底部与本体连接处及其他接口部位有无渗油现象，套管相色标识完整，整体密封严密。本体及散热片无变形，储油柜与本体件瓦斯继电器箭头应指向储油柜，压力释放阀喷口方向是否合理、有呼吸器的检查呼吸器有无破损，内部硅胶有无受潮。

（3）站用变压器就位前依据设计图纸核对高低压侧朝向，设计图纸有槽钢件提前连接好槽钢件，就位后用水平尺检查本体水平度，调平后将槽钢件与预埋件焊接并做防腐，温度计探头温包及备用温包内应有变压器油，毛细管平直且无扭曲，弯曲半径大于 50mm，多余部分盘圈直径大于 150mm，绑扎固定美观。站用变压器安装如图 5-1 所示。

（4）站用变压器本体底部槽钢件采用双引下接地线与主网可靠焊接，低压中性点接地方式符合设计要求，本体内部引出其他接地件就近与主接地网可靠连接。站用变压器接地引下线安装如图 5-2 所示。

图 5-1 站用变压器安装

图 5-2 站用变压器接地引下线安装

（5）引出端子与导线连接可靠，并且不受超过允许的承受应力。

（6）所有螺栓紧固扭矩满足规范或厂家要求。

（7）电压切换装置按照产品说明书要求进行检查。

（二）干式站用变压器安装

（1）复测基础预埋件位置偏差、平整度误差。

（2）就位前外观检查，检查线圈绝缘筒内部应清洁，无杂物，外部面漆无剐蹭痕迹，线圈与底部固定件、顶部铁芯夹件固定螺栓应紧固，无松动现象。高、低压侧引出接线端子与绕组之间无裂纹痕迹，相色标识完整。

（3）安装前依据设计图纸核对高、低压侧朝向，底部如有槽钢固定件，提前将槽钢固定件与干式站用变压器螺栓连接好，整体就位后用水平尺复合本体整体水平度，调至平稳、水平状态后，将底部槽钢件与预埋件焊接，底座两侧与接地网两处可靠连接，低压中性点接地方式符合设计要求，本体引出的其他接地端子就近与主网连接。

（4）站用变压器接地引线在制作前，对原材料进行校直。结合实际安装位置，弯制出接地引线模型。应采用机械冷弯，避免热弯损坏锌层，制作后的接地引线与站用变压器专设接地件进行螺栓连接，紧固并保证电气安全距离。

（5）引出端子与导线连接可靠，并且不受超过允许的承受应力。

（6）所有螺栓紧固后，对应不同级别螺栓采用不同扭矩值检验，站用变压器接线端子连线紧固扭矩遵循厂家说明要求。

二、配电盘（开关柜）安装

（一）配电盘（开关柜）安装

（1）配电室（开关室）内基础平行预埋槽钢平行间距误差、单根槽钢平整度及平行槽钢整体平整度误差复测，核对槽钢预埋长度与设计图纸是否相符，复查槽钢与接地网是否可靠连接。

（2）配电盘（开关柜）安装前，检查外观面漆应无明显剐蹭痕迹，外壳无变形，盘面（柜面）电流、电压表计、保护装置、操作按钮、门把手完好，内部电气元件固定无松动。

（3）配电盘（开关柜）安装前，依据设计图纸核对每面配电盘（开关柜）在室内安装位置，从配电室（开关室）入门处开始组立，与预埋槽钢间螺栓连接（不宜与基础预埋槽钢焊死），第一面盘（柜）安装后调整好盘（柜）垂直和水平，紧固底部与槽钢连接螺栓。

（4）相邻配电盘（开关柜）以每列已组立好的第一面盘（柜）为齐，使用厂～家专配并盘（柜）螺栓连接，调整好盘（柜）间缝隙后紧固底部连接螺栓和相邻盘（柜）连接螺栓。

（5）柜内母线安装时应检查柜内支持式或悬挂式绝缘子安装方向是否正确，爬电距离是否符合设计要求，确保绝缘距离，动、静触头位置正确，接触紧密。

（6）封闭母线隐蔽前应进行验收，接触面符合 GB 50149《电气装置安装工程 母线装置施工及验收规范》要求并进行签证。

（7）配电盘（开关柜）接地排配置规范，应有两处明显的与接地网可靠连接点。开关柜安装整齐划一如图 5-3 所示。

图 5-3 开关柜安装整齐划一

（二）配电室和开关柜

1. 10/35kV 封闭母线桥槽盒连接处接地不规范

[描述] 10/35kV 封闭母线桥槽盒未跨接、未见明显接地。封闭母线桥槽盒未跨接、未接地如图 5-4 所示，封闭母线桥槽盒跨接接地正确做法如图 5-5 所示，封闭母线桥接地正确做法如图 5-6 所示。

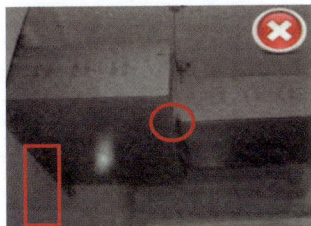

图 5-4 封闭母线桥槽盒未跨接、
未接地

图 5-5 封闭母线桥槽盒跨接接
地正确做法

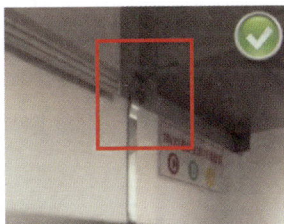

图 5-6 封闭母线桥接地正确
做法

依据 GB 50169—2016《电气装置安装工程 接地装置施工及验收规范》3.0.4："电气装置的下列金属部分，均接地：5.配电、控制、保护用的屏、（柜、箱）及操作台的框架和底座；10.配电装置的金属遮栏"。

措施 10/35kV 封闭母线桥槽盒连接处用接地线进行跨母线桥应做明显的直接接地。

2．室内接地箱设置不规范

描述 室内接地箱无接线柱、未标识，箱体未接地。室内接地箱无接线柱、接地箱门未跨接如图 5-7 所示，室内接地箱正确做法如图 5-8 所示。

图 5-7 室内接地箱无接线柱、接地
箱门未跨接

图 5-8 室内接地箱正确做法

依据《国家电网有限公司输变电工程标准工艺 变电工程电气分册》，户内接地装置安装 0102060206：

（1）接地线的安装位置应合理，便于检查，无妨碍设备检修和运行巡视，接地线的安装应美观，防止因加工方式不当造成接地线截面积减小、强度减弱、容易生锈。

（2）接地体一般采用暗敷，沿墙设有室内检修接地端子盒。

（3）接地线暗敷时，临时接地点采用埋设于墙体内的接地端子盒形式。盒体底部距离室内地面高度统一为 0.3m，暗敷于室内墙体，盒门采用不小于 $4mm^2$ 多股软铜线跨接至盒体接地，盒门外侧刷边长 60mm 的等边倒三角形，白色底漆，并标以黑色标识，其代号为"丰"。

（4）接地点应方便检修使用。

第6章 无功补偿装置安装

一、断路器安装

（1）复测断路器基础中心距离误差、高度误差、预埋地脚螺栓高度和预埋件中心线误差。

（2）断路器开箱检查，检查断路器型号与设计图纸型号相符，附件应齐全、无锈蚀和机械损伤、密封良好，断路器瓷件无损伤，绝缘子支柱与法兰结合面胶合牢固并涂以性能良好的防水胶。

（3）断路器支架安装，支架底部与基础面之间尺寸、支架上下螺母与垫片放置要求满足设计图纸要求。支架安装后找正时控制支架垂直度、顶面平整度，相间顶部平整度保持一致，尤其三相联动式断路器，门形支架安装过程中控制支架垂直度和支架上部横担水平度。

（4）应按产品的技术规定选用合适的吊装器具吊装。密封槽面应清洁，无划伤痕迹；已用过的密封垫（圈）不得使用；涂密封脂时，不得使其流入密封垫（圈）内侧而与 SF_6 气体接触。均匀对称紧固断口与支柱连接螺栓，紧固力矩符合产品要求。

（5）真空充气装置连接管道应清洁，抽真空达到产品要求的残压和抽真空时间（产品安装过程能维持 SF_6 气体预充压力可以不抽真空，由产品安装说明书确定）。

（6） SF_6 断路器安装前，必须按照规范要求对 SF_6 气体抽样送检，其气体参数应符合要求。现场测量 SF_6 气体含水量，每一瓶 SF_6 气体含水量均应符合要求。充气到额定压力，充气过程实施密度继电器报警、闭锁接点压力值检查，24h 后进行检漏，推荐用塑料薄膜包扎密封面进行检漏；48h 后进行微水含量测量，测量结果要满足规范要求。断路器充注 SF_6 气体时，应对 SF_6 气瓶进行称重，充入 SF_6 气体重量应符合产品技术文件要求。

（7）按照产品说明书要求进行机构连接并进行检查和调整。机构内附件完好，功能正常。

（8）按产品电气控制回路图检查厂方接线正确性。按设计图纸进行电缆接线并核对回路设计与使用产品的符合性，验证回路接线的正确性。断路器安装如图6-1所示。

（9）气室SF$_6$气体年泄漏率小于1%。

图6-1 断路器安装

二、隔离开关安装

（1）隔离开关支架安装前，对基础杯底标高误差、杯口综合轴线误差进行测量。

（2）支架组立过程控制杆头件方向，应与隔离开关安装后底部安装孔位置保持一致，支架找正过程控制垂直度、轴线，灌浆后需要对以上控制数据进行复测。

（3）开箱检查接地开关附件应齐全、无锈蚀、变形，绝缘子支柱弯曲度应在规范允许的范围内，绝缘子支柱与法兰结合面胶合牢固并涂以性能良好的防水胶。瓷裙外观完好无损伤痕迹。

（4）隔离开关底座、绝缘子支柱、顶部动触头及接地开关静触头整体组装，组装过程隔离开关拐臂处于分闸状态，检查处理导电部分连接部件的接触面，清洁后涂以电力复合脂连接。触头接触氧化物清洁光滑后涂上薄层中性凡士林油。

（5）所有组装螺栓均紧固，并进行扭矩检测，隔离开关底座自带可调节螺栓时，将其调整至设计图纸要求尺寸，依据设计图纸确定隔离开关的主刀与地刀方向，就位找正后紧固螺栓，所有安装螺栓力矩值符合产品技术要求。

（6）隔离开关调整。

1）接地开关转轴上的扭力弹簧或其他拉伸式弹簧应调整到操作力矩最小，并加以固定。

2）隔离开关、接地开关垂直连杆与隔离开关、机构间连接部分应紧固，垂直，焊接部位牢固、美观。隔离开关整齐统一，工艺美观如图6-2 所示。

图 6-2　隔离开关整齐统一，工艺美观

3）轴承、连杆及拐臂等传动部件机械运动应顺滑，转动齿轮应咬合准确，操作轻便灵活。

4）定位螺钉应按产品的技术要求进行调整，并加以固定。

5）所有传动部分应涂以适合当地气候条件的润滑脂。

6）电动操作前，应先进行多次手动分、合闸，机构应轻便、灵活，无卡涩，动作正常。

7）电动机的转向应正确，机构的分、合闸指示应与设备的实际分、合闸位置相符。

8）电动操作时，机构动作应平稳，无卡阻、冲击异常声响等情况。

9）隔离开关底座与支架应用导体可靠连接，确保接地可靠。隔离开关工艺良好如图6-3 所示。

图 6-3　隔离开关工艺良好

三、电流、电压互感器安装

（1）支架组立前对基础杯底标高、基础面轴线进行复测。

（2）组立支架后找正过程要控制支架垂直度偏差和轴线偏差，灌浆后对支架垂直度偏差和轴线偏差进行复测。

（3）控制支架杆头件不允许歪斜，螺栓孔位置与设备安装后底座螺孔位置保持一致。

（4）吊装应选择满足相应设备的钢丝绳或吊带以及卸扣，电流互感器吊装时吊绳应固定在吊环上起吊，吊装过程中用缆绳稳定，防止倾斜。

（5）电容式电压互感器必须根据产品成套供应的组件编号进行安装，不得互换，法兰间连接可靠（部分产品法兰间有连接线）。

（6）电流互感器安装时，一次接线端子方向应符合设计要求。

（7）对电容式电压互感器具有保护间隙的，应根据出厂说明书要求检查并调整。

（8）油浸式互感器应无渗漏，油位正常并指示清晰，绝缘油指标符合规程和产品技术要求。

（9）SF_6 气体绝缘互感器的密度继电器指示正常，SF_6 气体含水量满足要求。气室 SF_6 气体年泄漏率小于 1%。

（10）所有安装螺栓力矩值符合产品技术要求。电压互感器施工如图 6-4 所示，电压互感器及避雷器安装如图 6-5 所示。

图 6-4　电压互感器施工

图 6-5　电压互感器及
避雷器安装

四、避雷器安装

（1）支架组立前对基础杯底标高、基础面轴线进行复测。

（2）组立支架后找正过程要控制支架垂直度偏差和轴线偏差，灌浆后对支架垂直度偏差和轴线偏差同样进行复测。

（3）控制支架杆头件不允许歪斜，螺栓孔位置与设备底座安装后位置保持一致。

（4）吊装时吊绳应固定在吊环上，不得利用瓷裙起吊。

（5）必须根据产品成套供应的组件编号进行，不得互换，法兰间连接可靠（部分产品法兰间有连接线）。

（6）避雷器安装面应水平，并列安装的避雷器三相中心应在同一直线上，避雷器应安装垂直；避雷器就位时压力释放口方向不得朝向巡检通道，排出的气体不致引起相间闪络；并不得喷及其他电气设备。

（7）避雷器找正后紧固底座紧固件，所有安装螺栓力矩值符合产品技术要求。

（8）在线监测装置与避雷器连接导体超过 1m 时应设置绝缘支柱支撑；硬母线与放电计数器连接处应增加软连接。

（9）接地部位一处与接地网可靠连接，另一处与集中接地装置可靠连接（辅助接地）。

（10）在线监测装置的朝向和高度应便于运行人员巡视。避雷器施工如图 6-6 所示。

图 6-6　避雷器施工

五、穿墙套管安装

（1）对穿墙套管预留孔洞大小、三相水平度结合设计图纸进行复测，孔洞埋件应满足要求。

（2）穿墙套管预留孔洞安装钢板焊接时，钢板焊接前应有一道让整块钢板不形成闭合磁路的缝隙，该缝隙应采用非磁性材料封堵严密，安装钢板与埋件焊接牢固，钢板与孔洞缝隙封堵严实，且钢板应可靠接地。

（3）穿墙套管就位前应检查外部瓷裙完好无损伤，中间钢板与瓷件法兰结合面胶合牢固。并涂以性能良好的防水胶。

（4）如导电杆为铜材，其与母线的搭接面应进行搪锡处理。穿墙套管安装时按设计要求区分室内、外部分，正确穿入并使用镀锌螺栓连接，紧固牢固。

（5）对安装钢板与预留孔洞缝隙进行封堵时，注意穿墙套管底座或法兰盘不得埋入混凝土或抹灰层内。

（6）采用热缩套进行防护时，热缩套的规格（包括电压等级）应与导电杆及母线配套。加装绝缘套后，应在绝缘套下凹处打泄水孔，防止绝缘套下凹处积水，冬季结冰冻裂。穿墙套管安装如图 6-7 所示。

图 6-7　穿墙套管安装

第7章 全站电缆施工

一、电缆管配置及敷设

（一）材质要求

保护管宜采用热镀锌钢管、金属软管或硬质塑料管。

（二）保护管制作

（1）根据敷设路径精确测量各设备所需保护管的长度。

（2）根据各设备敷设的电缆型号，选择合适的保护管。

（3）保护管的管口应进行钝化处理，无毛刺和尖锐棱角，弯曲时宜采用机械冷弯。

（4）镀锌保护管管口、锌层剥落处也应涂以防腐漆。

（三）电缆管的安装

（1）金属电缆管不宜直接对焊，宜采用套管焊接方式，连接时两管口应对准、连接牢固、密封良好，套接的短套管或带螺纹的管接头的长度不应小于电缆管外径的2.2倍，两端应封焊；采用金属软管及合金接头做电缆保护接续管时，其两端应固定牢靠、密封良好。

（2）硬质塑料管在套接或插接时，其插入深度宜为管子内径的1.1~1.8倍；在插接面上应涂以胶合剂粘牢密封；采用套接时套管两端应采取密封措施。

（3）丝扣连接的金属管管端套丝长度应大于1/2管接头长度。

（4）保护管敷设采取明敷和直埋两种方式。在易受机械损伤的地方和在受力较大处直埋时，应采用足够强度的管材。

（5）保护钢管接地时，应先焊好接地线，再敷设电缆。

（6）电缆管敷设时应有防下沉措施。

（7）敷设进入端子箱、机构箱及汇控箱的电缆管时，应根据保护管实际尺寸进行开孔，不应开孔过大或拆除箱底板，保护管与操动机构箱交接处应有相对活动裕度。电缆埋管如图 7-1 所示。

图 7-1　电缆埋管

二、电缆架制作及安装

（一）电缆沟内支架制作及安装

（1）材质要求：电缆支架宜采用角钢制作或复合材料制作，工厂化加工，钢材应热镀锌防腐。扁铁应采用镀锌扁钢。

（2）电缆沟土建项目验收合格（电缆沟内侧平整度、预埋件）。

（3）镀锌扁钢使用前应进行校直，宜采用冷弯，焊接牢固。

（4）电缆支架安装前应进行放样，间距应一致。

（5）金属电缆支架必须进行防腐处理。位于湿热、盐雾及有化学腐蚀地区时，应做特殊的防腐处理。

（6）金属支架焊接牢固，电缆支架焊接处两侧 100mm 范围内应做防腐处理。复合材料支架采用膨胀螺栓固定。

（7）在电缆沟十字交叉口、丁字口处宜增加电缆支架，防止电缆落地或过度下垂。电缆沟支架安装如图 7-2 所示。

（8）金属支架全长均应有良好接地。电缆沟支架接地如图 7-3 所示。

图 7-2　电缆沟支架安装　　　图 7-3　电缆沟支架接地

（二）电缆层内吊架制作及安装

（1）对预埋件位置进行检查、复测。

（2）电缆层架（吊架、桥架）到场后进行检验，检验合格后方可安装。

（3）电缆吊架宜根据荷载大小选用角钢或槽钢，焊接后做整体防腐处理；或采用热镀锌材料，焊接后在焊接处局部做防腐处理。

（4）对组装件进行组装。电缆桥安装如图 7-4 所示。

（5）金属支架全长均应有良好接地。

图 7-4　电缆桥架安装

（三）直埋电缆敷设

（1）合理规划电缆走向路径。

（2）直埋电缆沟开挖深度宜大于 700mm，宽度宜大于 500mm。

（3）直埋电缆的上、下部应铺以不小于 100mm 厚的软土砂层，并加盖保护板，其覆盖宽度应超出电缆两侧各 50mm，保护板可采用混凝土盖板或砖块。软土或砂子中不应有石块或其他硬质杂物。

（4）直埋电缆回填土前，应经隐蔽工程验收合格，并分层夯实。

（5）平行排列的 10kV 以上电力电缆之间间距不小于 250mm。

（四）穿管电缆敷设

（1）电缆管在敷设电缆前，应进行疏通，清除杂物。

（2）穿入管中的电缆的数量应符合设计要求。

（3）交流单芯电缆不得单独穿入钢管内。

（4）穿电缆时，不得损伤护层。

（五）支、吊架上电缆敷设

（1）确定电缆路径和敷设顺序。

（2）电缆敷设时，电缆应从盘的上端引出，不应使电缆在支架上及地面摩擦拖拉，电缆上不得有铠装压扁、电缆绞拧、护层折裂等未消除的机械损伤。

（3）机械敷设电缆的速度不宜超过 15m/min。

（4）高、低压电力电缆，强电、弱电控制电缆应按顺序分层配置，一般情况宜由上而下配置，但在含有 35kV 以上高压电缆引入柜盘时，为满足弯曲半径要求，可由下而上配置。

（5）控制电缆在普通支吊架上不宜超过 1 层，桥架上不宜超过 3 层；交流三芯电力电缆在普通支吊架上不宜超过 1 层，桥架上不宜超过 2 层。

（6）交流单芯电力电缆应布置在同侧支架上，呈品字形敷设。

（7）电力电缆与控制电缆不宜配置在同一层支吊架上。

（8）电缆固定：垂直敷设或超过 45° 倾斜的电缆每隔 2m 固定；水平敷设的电缆每隔 5~10m 进行固定，电缆首末两端及转弯处、电缆接头处必须固定。交流单芯电力电缆固定夹具或材料不应构成闭合磁路。当按紧贴正三角形排列时，应每隔一定距离用绑带扎牢，以免其松散。电缆敷设如图 7-5 所示。

图 7-5 电缆敷设

（9）电缆敷设后应及时装设标识牌。电缆铭牌绑扎如图 7-6 所示。

图 7-6 电缆铭牌绑扎

三、电缆终端制作及安装工程

（1）严格按照产品技术要求采用热缩、冷缩绝缘材料制作电缆头。

（2）电缆芯线规格与接线端子规格配套，压接面清洁光滑、压接紧密，接线端子面平整洁净。

（3）接地线与钢带宜用铰接的方式连接，采用聚氯乙烯带进行缠绕，确保连接可靠。用热缩管烘缩钢带露出部位。

（4）制作电缆终端与接头，从剥切电缆开始应连续操作直至完成，缩短绝缘暴露时间。

（5）电缆终端和接头应采取加强绝缘、密封防潮、机械保护等措施。

（6）35kV 及以下电缆在剥切线芯绝缘、屏蔽、金属护套时，线芯沿绝缘表面至最近接地点（屏蔽或金属护套端部）的最小距离应符合要求。

（7）塑料绝缘电缆在制作终端头和接头时，应彻底清除半导电屏蔽层。

（8）电缆线芯连接时，应除去线芯和连接管内壁油污及氧化层。压接模具与金具配合恰当。

（9）三芯电力电缆终端处的金属护层应接地良好，单芯电缆应按设计要求接地，必须接地良好；塑料电缆每相铜屏蔽和钢铠应锡焊接地线。电缆通过零序电流互感器时，电缆金属护层和接地线应对地绝缘，电缆接地点在互感器以下时，接地线应直接接地；接地点在互感器以上时，接地线应穿过互感器接地。

（10）单芯电缆或分相后的各相终端的固定不应形成闭合的铁磁回路，固定处应加装符合规范要求的衬垫。控制电缆终端制作安装如图7-7 所示。

（11）电缆终端上应有明显的相色标识，且应与系统的相位一致。电力电缆终端制作安装如图 7-8 所示。

图 7-7　控制电缆终端制作安装

图 7-8　电力电缆终端制作安装

四、电缆防火与阻燃

（一）电缆沟内阻火墙

（1）在重要的电缆沟和隧道中，按设计要求分段或用软质耐火材料设置阻火墙。

（2）防火涂料应按一定浓度稀释，搅拌均匀，并应顺电缆长度方向进行涂刷，涂刷厚度或次数、间隔时间应符合材料使用要求。

（3）封堵应严实可靠，不应有明显的裂缝和可见的孔隙。

（4）阻火墙两侧的电缆周围利用有机堵料进行密实的分隔包裹，其两侧厚度大于阻火墙表层的 20mm，电缆周围的有机堵料宽度不得小于30mm，呈几何图形，面层平整。

（5）电缆沟阻火墙宜预先布置 PVC 管，以便日后扩建。电缆沟内防火墙如图 7-9 所示。

图 7-9　电缆沟内防火墙

（二）孔洞、管口封堵

（1）在封堵电缆孔洞时，封堵应严实可靠，不应有明显的裂缝和可见的孔隙，孔洞较大者应加耐火衬板后再进行封堵。

（2）电缆沟壁上电缆孔洞封堵：沟内壁宜用有机堵料封堵严实，沟外壁用水泥砂浆封堵严实。

（3）电缆管口封堵采用有机堵料，封堵严密。

（4）电缆管口封堵时应在管内加入挡板，防止封堵油泥掉落管内。

五、盘、柜底部封堵

（1）按照盘、柜底部尺寸切割防火板。

（2）在封堵盘、柜底部时，封堵应严实可靠，不应有明显的裂缝和可见的孔隙，孔洞较大者应加防火板后再进行封堵。屏柜封堵如图7-10所示。

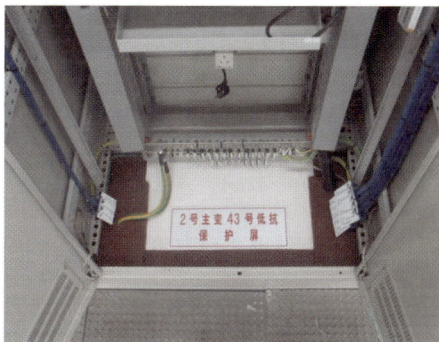

图 7-10　屏柜封堵

第8章 全站防雷及接地装置安装

一、避雷针的引下线安装

（一）独立避雷针引下线安装

（1）接地引下线采用扁钢时，应经热镀锌防腐材料。

（2）独立避雷针应设独立的集中接地装置，其接地阻抗值应符合要求。当有困难时，该接地装置可与接地网相连，但避雷针与主接地网的地下连接点至35kV及以下设备与主接地网的地下连接点，沿接地体的长度不得小于15m。

（3）独立避雷针及其接地装置与道路或建筑物的出入口等的距离应大于3m。当小于3m时，应根据设计要求采取均压措施或铺设卵石或沥青地面。

（4）独立避雷针的接地装置与接地网的地中距离不应小于3m。

（5）用于地面以上的镀锌扁钢应进行校直。

（6）扁钢弯曲时，应采用机械冷弯，避免热弯损坏锌层。

（7）焊接位置及锌层破损处应防腐。

（8）接地标识涂刷应一致。

（二）构架避雷针的引下线安装

（1）混凝土构架接地材料宜采用镀锌圆钢或镀锌扁钢，钢管构支架宜采用镀锌扁钢。

（2）接地线弯制前应先校平、校直，校正时不得用金属体直接敲打接地线，以免破坏镀锌层。弯制采取冷弯制作，镀锌层遭破坏时，要重新防腐。

（3）钢管构架筒壁厚度大于4mm时，可作为避雷针的接地引线。筒体底部用2根接地扁钢与接地端子对称相连。

（4）钢管构架接地引线与钢管壁之间应适当留有间隙，便于测量接地阻抗。

（5）混凝土构架接地线应采用焊接方式，应从杆顶钢箍处焊接，在构架中间钢箍处采用折弯方式对接；焊接长度均不少于圆钢直径的 6 倍，扁钢宽度的 2 倍。构架避雷针接地如图 8-1 所示。

（6）接地标识涂刷应一致。

图 8-1　构架避雷针接地

二、接地装置安装

（一）主接地网安装

（1）根据设计图纸对主接地网敷设位置、网格大小进行放线，接地沟开挖深度以设计或规范要求的较高标准为准，且留有一定的余度。

（2）水平接地体宜采用热镀锌扁钢、圆钢或铜绞线和铜排，垂直接地体宜采用热镀锌角钢、铜棒和镀铜钢材。

（3）接地线弯制时，应采用机械冷弯，避免热弯损坏锌层。

（4）铜绞线、铜排等接地体焊接采用热熔焊，焊接时应预热模具，模具内热熔剂填充密实，点火过程安全防护可靠。接头内导体应熔透，保证有足够的导电截面。铜焊接头表面光滑、无气泡，应用钢丝刷清除焊渣并涂刷防腐漆。

（5）接地体垂直搭接时，除应在接触部位两侧进行焊接外，还应采取补救措施，使其搭接长度满足要求。

（6）设备接地引出线应靠近设备基础，埋入基础内的水平接地体在基础沉降缝处应设置伸缩弯。

（二）构支架接地安装

（1）避雷器、电压互感器、电流互感器、断路器支架应双接地。对铜质接地网，原则上除变压器采用双接地引下线外，其余设备可采用单根接地线引下。每台电气设备应以单独的接地体与接地网连接，不得串接在一根引下线上。

（2）混凝土构架接地材料宜采用镀锌圆钢或镀锌扁钢，钢管构支架宜采用镀锌扁钢，型号符合设计要求。

（3）接地线弯制前应先校平、校直，校正时不得用金属体直接敲打接地线，以免破坏镀锌层。弯制采取冷弯制作，镀锌层遭破坏时，要重新防腐。

（4）钢管构支架接地引线与钢管壁之间应适当留有间隙，便于测量接地阻抗。

（5）混凝土构架接地线应采用焊接方式，应从杆顶钢箍处焊接，在构架中间钢箍处采用折弯方式对接，焊接长度均不少于圆钢直径的6倍，扁钢宽度的2倍。

（6）支架接地引线在杆顶钢箍处直接引下，焊接长度均不少于圆钢直径的6倍，扁钢宽度的2倍。

（7）接地标识涂刷应一致。构架接地整齐美观如图8-2所示。

图8-2　构架接地整齐美观

（三）爬楼接地安装

（1）变电站内爬梯应可靠接地。可采取直接连接主接地网或通过接地端子与主接地网连接的方式。

（2）爬梯接地线材料采用镀锌圆钢或镀锌扁钢，表面锌层完好、无损伤。

（3）爬梯接地线搭接可采用焊接和螺栓连接两种方式。

（4）采用焊接时焊接长度均不少于圆钢直径的 6 倍，扁钢宽度的 2倍，3 面焊接。

（5）采用螺栓连接时，可采用直线连接和垂直连接两种方式。

（6）接地线弯制应采用冷弯制作。

（7）接地标识涂刷一致。

（四）设备接地安装

（1）断路器、隔离开关、互感器、电容器等一次设备底座（外壳）均需接地。

（2）接地线材料宜采用铜排、镀锌扁钢和软铜线。

（3）接地铜排两端搭接面应搪锡。

（4）接地引线与设备本体采用螺栓搭接，搭接面紧密。

（5）机构箱可开启门应用 4mm^2 软铜导线可靠连接接地。

（6）机构箱箱体接地线连接点应连接在最靠近接地体侧。

（7）隔离开关垂直连杆应用软铜辫与最靠近接地体侧连接。设备接地如图 8-3 所示。

图 8-3　设备接地

（五）屏柜内接地安装

（1）屏柜（箱）框架和底座接地良好。

（2）有防振垫的屏柜，每列屏有两点以上明显接地。

（3）静态保护和控制装置的屏柜下部应设有截面积不小 100mm² 的接地铜排。屏柜上装置的接地端子应用截面积不小于 4mm² 的多股铜线和接地铜排相连。屏柜内的接地铜排应用截面积不小于 50mm² 的铜缆与保护室内的等电位接地网相连。开关场的就地端子箱内应设置截面积不少于 100mm² 的裸铜排，并使用截面积不少于 100mm² 的铜缆与电缆沟道内的等电位接地网连接。

（4）屏柜（箱）内应分别设置接地母线和等电位屏蔽母线，并由厂家制作接地标识。

（5）屏柜（箱）可开启门应采用多股软铜导线可靠连接接地。

（6）电缆屏蔽接地线采用 4mm² 黄绿相间的多股软铜线与电缆屏蔽层紧密连接，接至专用接地铜排。

（7）接地线采用多股软铜线连接时应压接专用接线鼻。每个接线鼻子最多压 5 根屏蔽线。屏柜接地如图 8-4 所示。

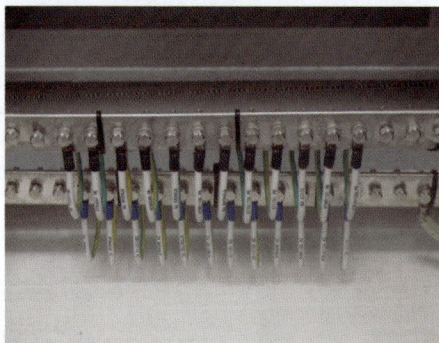

图 8-4 屏柜接地

（六）户内接地装置安装

（1）接地体宜采用热镀锌扁钢，一般采用暗敷方式。

（2）接地线弯制前应先校平、校直，校正时不得用金属体直接敲打接地线，以免破坏镀锌层。弯制采取冷弯制作，镀锌层遭破坏时，要重新防腐。

（3）建筑物接地应和主接地网进行有效连接。暗敷在建筑物抹灰层内的引下线应有卡钉分段固定，主控室、高压室应设置不少于 2 个与主网相连的检修接地端子。

（4）接地网遇门处拐角埋入地下敷设，埋深 250~300mm，接地线与建筑物墙壁间的间隙宜为 10~15mm，接地干线敷设时，注意土建结构及装饰面。当接地线跨越建筑物变形缝时，应设补偿装置，补偿装置可用接地线本身弯成弧状代替。

（5）焊接位置（焊缝 100mm 范围内）及锌层破损处应防腐。

（6）接地引线颜色标识应符合规范。户内接地安装如图 8-5 所示。

图 8-5　户内接地安装

第9章 通信系统设备安装

一、通信二次设备安装

（一）光端机安装

（1）基础复测。预埋槽钢垂直度偏差、平行间距误差、单根槽钢平整度及平行槽钢整体平整度误差复测，核对槽钢预埋长度与设计图纸是否相符，检查电缆孔洞应与盘柜匹配，基础槽钢与主接地网连接可靠。

（2）屏柜位置确定。

（3）屏柜外形尺寸、颜色宜与室内保护屏柜保持一致。检查屏柜外观面漆应无明显剐蹭痕迹，外壳无变形，屏、柜面和门把手完好，内部电气元件固定无松动。

（4）屏柜应采用螺栓固定，紧固件应经热镀锌防腐处理。

（5）光纤连接线在沟道内应加塑料子管或采用槽盒进行保护，两端预留长度应统一。

（6）电缆、光纤、网线均应做好相应标识。光端机光缆敷设如图9-1所示。

图9-1 光端机光缆敷设

（二）程控交换机安装

（1）基础复测。预埋槽钢垂直度偏差、平行间距误差、单根槽钢平整度及平行槽钢整体平整度误差复测，核对槽钢预埋长度与设计图纸是否相符，检查电缆孔洞应与盘柜匹配，基础槽钢与主接地网连接可靠。

（2）机架设备安装。检查设备外观面漆无明显剐蹭痕迹，外壳无变形，屏、柜面和门把手完好，内部电气元件固定无松动。

（3）电缆布设。对于卡接电缆芯线，卡线位置、长度应一致，穿线孔可视，卡接处芯线不允许扭绞。

（4）金属铠装缆线从机房外引入时，缆线外铠装必须与机架接地相连，音频电缆芯线必须经过过电流、过电压保护装置方能接入设备。

（三）光缆敷设及接线

（1）光纤接头损耗应达到设计规定值，光纤熔接后应采用热熔套管保护。

（2）光缆接续时应注意光缆端别、光纤纤序正确，且应对光缆端别及纤序作识别标识。

（3）光纤预留在接头盒内应保证足够的盘绕半径，并无挤压、松动。

（4）尾纤接线顺畅自然，多余部分盘放整齐，备用芯加套头保护。

（5）导引光缆应宜配置在缆沟底层支吊架上。在电缆沟内敷设的无铠装的通信电缆和光缆应采用非金属保护管或金属槽盒进行保护。光缆尾纤敷设如图 9-2 所示。

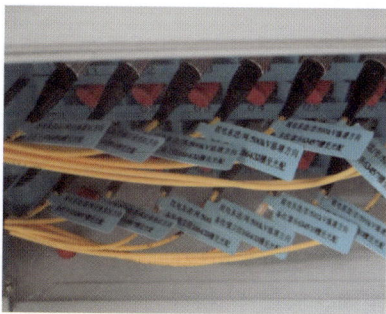

图 9-2　光缆尾纤敷设

二、通信系统防雷、接地工程

（1）通信站（机房）必须采用联合接地。

（2）直流电源工作地应从接地汇集排直接接到接地母线上。

（3）微波塔的接地网应围绕塔基做成闭合的环形接地网，并与变电站主接地网有不少于两点的可靠连接。

（4）通信用交直流屏及整流器金属架接地良好。

（5）音频电缆备用线在配线架上接地。通信系统防雷接地如图 9-3 所示。

图 9-3　通信系统防雷接地

三、视频监控及火灾报警系统

（一）视频监控探头安装

（1）事先策划好探头布置位置，信号传输电缆穿管敷设，埋管与建筑施工时同步敷设，避免开槽埋管。

（2）探头应安装在不受外界损伤及不影响设备运行和人员正常活动的地方，且照明照度符合要求。

（3）严禁利用避雷针和带避雷线的杆塔作为视频探头的支架。

（4）探头固定牢固，监视范围满足需要。

（5）外围监控设备必须适应变电站运行环境并应具有防污、防雨等功能。

（6）外围监控设备应维护方便，尤其是户外摄像机，在维护时避免涉及停电。

（7）当摄像设备安装在靠近220kV及以上高压导体附近时，应考虑系统过电压的影响。

（8）配电装置区视频监控探头支架应接地。

（9）视频监控探头应编号。视频监控探头安装如图9-4所示。

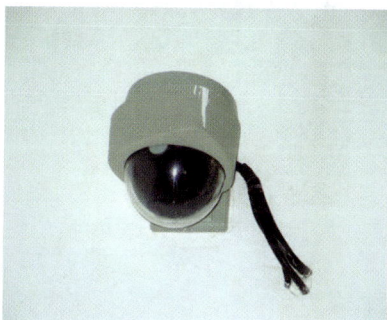

图9-4　视频监控探头安装

（二）主机安装

（1）屏柜基础平行预埋槽钢垂直度偏差、平行间距误差、单根槽钢平整度及平行槽钢整体平整度误差复测，核对槽钢预埋长度与设计图纸是否相符，检查电缆孔洞应与盘柜匹配，基础槽钢与10kV主接地网连接可靠。

（2）主机安装前，检查外观面漆无明显剐蹭痕迹，外壳无变形，屏、柜面和门把手完好，内部电气元件固定无松动。

（3）紧固件应经热镀锌防腐处理，所有螺栓安装紧固可靠。

（4）视频系统应具有完善的防雷措施，系统应在摄像机端及机柜内装设视频信号避雷器、数据信号避雷器和电源避雷器。

（5）安装位置及高度应符合规定，便于人员观察及操作。

（6）系统设备宜使用变电站内不停电交流电源，新建变电站视频系统应采用站内不停电交流电源；所有设备由柜内配电器集中供电，电源配电器功率根据系统大小确定，要求具备一定的功率冗余。

（7）电源配电器必须具备防雷和防过电压能力。通信主机安装如图9-5所示。

图 9-5　通信主机安装

（三）火灾报警探头安装

（1）火灾报警探头宜吸顶安装，探头间及其与周围遮挡物、墙壁、梁边、空调送风口水平净空距离符合规定要求。

（2）探头的保护面积、保护半径不应超出规定。

（3）正常状态下，探头不应发出故障和报警信号。

（4）探头固定牢固。

（5）线型火灾探测器和可燃气体探测器等有特殊安装要求的探测器，应符合现行有关国家标准的规定。

（6）探测器的底座应固定牢靠，其导线连接必须可靠压接或焊接。当采用焊接时，不得使用带腐蚀性的助焊剂。

（7）探测器底座的穿线孔宜封堵，安装完毕后的探测器底座应采取保护措施。火灾报警探头安装如图 9-6 所示。

图 9-6　火灾报警探头安装

（四）温度感应线安装

（1）应用护套有效减小环境对其伤害，提高可靠性和寿命。

（2）根据环境温度的变化和报警灵敏度要求选择感温电缆的等级。

（3）感应线布置合理，安装过程中避免金属直接压在感温电缆上，两者之间应有泡沫材料或橡胶隔离，避免热量直接传递造成误报。电缆在安装时不应拖拉摩擦，踩压受伤。不要将电缆拉得过直，同时不可将紧固件压得太紧，避免压裂外套，挤压内部绝缘层。

（4）为保持其灵敏度，线上不要喷涂他物，不应有覆盖物。

（5）温度感应线与被测物体接触良好。